奇妙的动物王国

野生动物乐园

英童书坊编纂中心◎主编

全国百佳图书出版单位
吉林出版集团股份有限公司

图书在版编目（ＣＩＰ）数据

野生动物乐园 / 英童书坊编纂中心主编 ． -- 长春 ：
吉林出版集团股份有限公司，2016.10（2022.1重印）
（奇妙的动物王国）
ISBN 978-7-5534-7855-5

Ⅰ．①野… Ⅱ．①英… Ⅲ．①野生动物－儿童读物
Ⅳ．① Q95-49

中国版本图书馆 CIP 数据核字（2016）第 245268 号

奇妙的动物王国 野生动物乐园

QIMIAO DE DONGWU WANGGUO YESHENG DONGWU LEYUAN

主编：英童书坊编纂中心
责任编辑：崔　岩　欧阳鹏
技术编辑：王会莲　封面设计：米　多
开本：880mm×1230mm　1/20
字数：150千字　　印张：6
版次：2016年10月第1版　印次：2022年1月第3次印刷

出版：吉林出版集团股份有限公司
发行：吉林出版集团外语教育有限公司
地址：长春市福祉大路5788号龙腾国际大厦B座7层
电话：总编办：0431-81629929
数字部：0431-81629937
发行部：0431-81629927　0431-81629921(Fax)
网址：www.360hours.com
印刷：三河市华晨印务有限公司

ISBN 978-7-5534-7855-5
定价：35.80元

前言

在美丽的地球家园里，除了我们人类以外，还生活着许多野生动物。在这些形形色色的动物中，哺乳动物占有举足轻重的地位。威武的老虎、凶猛的狮子、高个子的长颈鹿、体形巨大的大象、耐旱的骆驼、会飞的蝙蝠、海洋里的鲸……它们都是哺乳动物中的代表。哺乳动物家族成员众多，分布广泛，漫长的进化使它们逐渐成为地球上最高级的动物，它们的足迹也几乎遍布世界的各个角落。

除了哺乳动物以外，还有两大类动物活跃在我们身边，它们就是爬行动物和两栖动物。慢腾腾的龟、可怕的眼镜蛇、善变的变色龙、凶残的鳄鱼，它们都属于爬行动物家族。但与爬行动物不同，两栖动物的成员大都体形较小，比如爱跳跃的青蛙，会爬树的树蛙，长尾巴的蝾螈等等。爬行和两栖动物也凭借着自己独具特色的外貌、别具一格的生活习性，在动物世界中占得了一席之地。

现在，就跟随本书一起进入这个精彩纷呈的野生动物乐园，一睹这些奇特生灵们的风采吧！

有趣的哺乳动物

目录

有趣的哺乳动物

　　哺乳动物是动物发展史上最高级的阶段,也是与人类关系最密切的一个种群。哺乳和胎生是哺乳动物两大最基本的特征,它们还具有发达的大脑、恒定的体温,以及用于保暖御寒的皮毛等特点。陆地上的老虎、狮子、大象,会飞的蝙蝠,海洋里的鲸等都是哺乳动物家族的成员。

认识哺乳动物

▶ 哺乳动物宝宝很弱小，
母乳会使它们迅速成长。
▶ 哺乳动物按食性分为
草食、肉食和杂食三类。

动物王国里成员众多，有这样一些动物，比如小猫、小狗、牛、羊、老虎、大象等等，它们一生下来就要吃母亲的奶，并且靠母乳的喂养长大，于是我们就把它们叫作哺乳动物。哺乳动物可以说是动物世界里最高级的成员了。

普遍的现象

大多数的哺乳动物繁殖后代并不像鸟类和爬行类动物那样产卵，而是由动物妈妈怀胎生下宝宝。宝宝在刚出生时，都会自觉地寻找妈妈吮吸乳汁，这在哺乳动物中是很普遍的现象。

◐ 哺乳是哺乳动物特有的习性

2

厚厚的皮毛

哺乳动物的身体一般可以分为头、颈、躯干、尾巴和四肢五个部分。绝大多数哺乳动物的身上都覆盖着厚厚的皮毛,这件漂亮又实用的衣服,既能保护身体,又可以保持体温,有时还能起到隐蔽的作用,方便它们捕食,以及成功躲过敌人的追击。

恒定的体温

哺乳动物的身体温度相对稳定,大约在30℃~40℃之间,体温太高或太低时,它们的身体都会受不了。所以,天气太热的时候,它们会想办法降低体温;冷的时候,它们又会给身体保暖。

长长的毛发可以保温

犬科动物的汗腺不发达,常用舌头来散热

哺乳动物的分类

哺乳动物分为单孔哺乳动物、有袋动物和胎盘哺乳动物。现在的单孔哺乳动物包括针鼹(yǎn)和鸭嘴兽;有袋动物中的很多雌性都有育儿袋,包括袋鼠、考拉和袋食蚁兽;大部分的哺乳动物都是胎盘动物,像猫、狗、马等。

🔺针鼹

🔻人类身边的哺乳动物

栖息地

▶ 在水中生活的哺乳动物与陆地上的有很大差别。

▶ 骆驼、跳鼠是沙漠中最常见的哺乳动物。

哺乳动物的足迹几乎遍及世界的每个角落，从广阔的非洲草原、寒冷的北极冰川，到浩瀚的热带沙漠、深邃神奇的海洋，再到熙熙攘攘的人类家园里，各种哺乳动物都以它们特有的方式自在地生活着。

理想的栖息地

森林里有丰富的植物资源，这里可以找到各种各样的食物，所以森林就成了众多动物理想的栖息地。生活在森林里的动物非常多，像我们熟悉的松鼠、浣熊、棕熊、老虎、猴子等。

🔺 森林里的哺乳动物

广阔的草原

草原有着比较干燥的气候，所以适合草的生长，那些以食草为生的动物就快乐地生活在这里，而大量食草动物又为食肉动物提供了丰富的食物资源。比如，在非洲草原上就生活着长颈鹿、斑马、羚羊、狮子等动物。

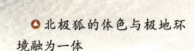

极地高山

极地和高海拔地区气候寒冷，在这种严酷的气候条件下，依然有一些哺乳动物把那里当成了自己长久居住的家园。北极狐、北极熊等动物生活在极地，而雪豹、野牦牛则生活在海拔较高的山区。

❀北极狐的体色与极地环境融为一体

以水为家

水对动物们来说是必不可少的，除了陆地上生活有哺乳动物外，有些哺乳动物甚至把"家"安在了水里，如鲸、海豚、海豹、海狮、海象、水獭（tǎ）等。其中，海洋哺乳动物是哺乳类中适应海洋环境的特殊成员，通常被人们称为"海兽"。

❀鲸是海洋中最大的哺乳动物

❤非洲草原生活着许多大型的野生动物

如何交流

▶ 海洋哺乳动物之间的
主要沟通方式是发声。
▶ 视觉通讯在动物界也
是十分普遍的交流方式。

我们人类平时交流的时候，一般都是通过语言来传达自己的想法。那么，哺乳动物之间是怎么交流的呢？其实，哺乳动物也有自己特有的交流方式，而且不一定是声音，它们的气味、活动都可以起到传递信息的作用。

啼鸣警告

许多动物都会发出声音，这些声音往往成为动物之间交流信息的独特声音语言。声音交流不仅用在同伴之间，有时还有警告的作用。猿就是以啼鸣来示警的，如果有同类进入它的地盘时，双方就会连续不断地啼叫，相互威吓，直到把对方赶跑为止。

🔺 大猩猩常通过吼叫、
拍打胸部来威吓敌人

声音交流

黑猩猩在不同的情况下都会发出"呼呼"的声音，它会发出这种高低不同的声音，同时加上不同的面部表情，用来表达不同的意思。成群的黑猩猩聚在一起时，它们还会用这样的声音来交流。

🔻 黑猩猩也有着丰富
的面部表情

▶狗通过嗅探来交流

用气味交流

　　气味也是哺乳动物的一种重要交流手段，它们常常以此来传递信息，如狗、虎等动物通过自己尿液的气味，就能识别占有的领地或走过的路线。此外，有些动物还喜欢彼此嗅探，通过相互闻气味的方式来进行沟通。

相互梳理毛发

　　动作也往往是猴子互通情意的"语言"，一群猴子平时待在一起的时候，它们之间就常常会相互梳理毛发。猴子妈妈通过给小猴子梳理毛发来表达爱意，而其他猴子也会以此来表达对猴王的奉承。

◉猴子之间通过梳理毛发来表达情感

成群地生活

▶ 几乎所有的海洋哺乳动物都过着群居生活。

▶ 啮齿目的动物有很多也是群居的，比如老鼠。

我们常常说"团结就是力量"，自然界中的许多动物似乎也懂得这样的道理。不少哺乳动物都喜欢成群结队地生活在一起，肉食动物借助群体的力量可以轻松地捕获猎物，而草食动物群居则会更加安全一些。

严密的等级制度

狼一般过着群居的生活，狼群有着严密的等级制度，每个狼群中都有一只公狼作为领袖，称为头狼。不仅如此，每个狼群还都有属于自己的地盘，它们通常会用嚎叫声向其他狼群宣告范围。

◎ 狼群

◎ 非洲草原上的羚羊群

集体的力量

羚羊胆小而敏捷，总是成群地生活在一起。它们依靠集体的力量一边寻找食物，一边观察周围环境。一旦有什么风吹草动，羚羊就会四处逃跑，常把狮子等食肉动物弄得无所适从，这样它们就有更多的机会逃命。

🔴 狒狒

共同分享

狒狒喜欢结群生活，群体成员共同分享食物，抚养小狒狒，并且时刻监视来犯的敌人。狒狒群体的组织性很强，有首领和明显的社会分工，首领通常是由群体中身体最强壮、个头最魁梧、毛色最漂亮的雄狒狒担任的。

站岗放哨

猫鼬(yòu)是一种小型哺乳动物，大多群居生活在一起。猫鼬在觅食或打盹时，群体中总有一只猫鼬在站岗放哨。当发现有敌人时，哨兵就会立刻发出警示，其他成员就会迅速逃跑或躲到洞里去。

草原上的瞭望者——猫鼬

9

怎么睡觉

- ▶ 红毛猩猩、大猩猩和黑猩猩都喜欢蜷起身子睡。
- ▶ 猫、狗等哺乳动物睡觉时还会做梦。

睡眠是一种在哺乳动物中普遍存在的自然休息状态，对于哺乳动物来说，睡觉也是非常重要的。不同的动物，它们的睡眠时间、地点以及睡眠姿势也都不同，它们有的站着睡觉，有的还会把自己倒挂起来睡觉，十分有趣。

睡眠姿势

每一种动物都有其特有的睡眠姿势。大多数动物都是将自己的身体缩成一团睡觉；马、象、牛和鹿等食草动物可以站着睡觉；树懒和某些蝙蝠是头朝下挂着睡；而许多食肉动物都是盘卧着睡觉。

◀ 狮子喜欢卧着或侧躺着睡觉

选择睡眠地点

动物对睡觉的地方都有自己的选择，如狐狸喜欢住山洞，黑熊喜欢住树洞，老鼠喜欢住地洞，松鼠攀树而眠，珍珠鸡每晚都要回到固定的树上睡觉，黑猩猩每天都要搭一个新窝，以供晚上休息。

● 在洞里睡觉的狐狸

不同的时间

一般情况下，大型哺乳动物要比小型哺乳动物的睡眠时间短一些。例如，长颈鹿和大象一天只需睡 2~4 小时就足够了，而蝙蝠和负鼠则需要睡 18 个小时以上。

● 倒挂在树上睡觉的蝙蝠

在水里睡觉

鲸睡觉的时候，总是几头聚在一起，找一个比较安全的地方，头朝里，尾巴向外，围成一圈，静静地浮在海面上；海豚不管白天还是黑夜，不论是浅眠还是熟睡，总能一边游动一边休息；水獭主要生活在河流和湖泊地带，通常浮在水面上睡觉。

● 一边游动一边休息的海豚

11

奇特的冬眠

> ▶ 冬眠与睡觉不同，时间相对来说比较长。
>
> ▶ 许多动物在冬眠过程中会醒过来，然后接着睡。

当寒冷的冬天到来时，有一些哺乳动物会选择用冬眠的方法来度过这个季节，如熊、蝙蝠、刺猬、旱獭、睡鼠等。这些动物通常在秋天的时候就会吃饱喝足，冬天一到就开始睡觉，就这样一直睡到第二年春天来临。

超级"冬眠家"

旱獭也叫土拨鼠，草地獭，在外形和生活方式上都与鼠类相似，号称是动物界中的超级"冬眠家"。冬眠时，它们会在土中挖出一个共同使用的洞作为寝室，犹如一条长廊，能容纳十几个同伴一起睡觉。

🔺 旱獭

🔻 贪睡的睡鼠

有名的"瞌睡虫"

冬眠动物中，睡鼠是有名的"瞌睡虫"，它一睡就是 6 个月。这时，它的呼吸变得非常微弱，身体也变得硬硬的，外界的任何声响都惊不醒它，甚至把它当作一只球放在地上滚来滚去，它还是不会醒过来。

准备食物

鼠类动物总是吃了睡,睡了吃,所以在进入冬眠前,就要准备很多的食物。田鼠在进入冬眠前要准备 25 千克以上的"干粮",而松鼠则要搜集上万颗干果,作为高枕无忧的后备食粮。

🔴 松鼠为冬眠准备的食物

冬眠的熊

黑熊和棕熊等大型哺乳动物,冬季也在树洞或岩穴中进行"冬眠"。在冬眠以前,熊会吃下大量食物,然后找一个洞穴或树洞躲进去过冬。它们在冬眠时体温会稍微下降,但能长时间不进食而保持睡眠状态。

倒挂着冬眠的蝙蝠

 冬眠的棕熊

13

大规模的迁徙

- 哺乳动物通常根据地形和嗅觉来识别方向。
- 哺乳动物的迁徙大都是定期、定向和集体进行。

在 庞大的动物世界里，不光是有许多鸟类、昆虫、鱼类会进行大规模的迁徙。因为季节的变化、繁殖后代的需要、寻找食物等原因，有一些哺乳动物也会长距离地迁移到适合自己生活的地方，比如我们熟知的角马和驯鹿。

庞大的角马群

　　非洲角马长得像牛，它们生活在非洲的东部和南部。到了旱季，为了寻找新鲜的草料，非洲角马便聚集起来，成群结队地去寻找食物。非洲角马的群体通常很庞大，对它们来说，数量越多就越安全，单独的个体很容易遭到攻击。

▼ 迁徙的角马群

驯鹿的迁徙

　　每年入冬的时候，成千上万头的驯鹿从北向南，朝森林冻土带的边缘区域转移。到了第二年春天，它们再向北方的北冰洋沿岸进发。四五月份，鹿群又回到原来的地方生儿育女。

🔴 迁徙途中的驯鹿

迁徙的旅鼠

🔺 旅鼠

　　旅鼠是一种小巧可爱的啮齿目动物，通常生活在北极的冻土带。它们平时以根、嫩枝、青草和其他植物为食，天气会对它们的生活产生很大影响。于是，为了寻找新的觅食地，喜欢独处的旅鼠常常会成群结队进行迁徙。

路程最长的迁徙

　　在哺乳动物中，迁徙路程最长的就是鲸类了。白鲸在北冰洋和太平洋的加利福尼亚海岸两处栖息地之间迁徙，行程可达 1.8 万千米，而灰鲸则是所有已知海洋或陆地哺乳动物中，迁徙距离最远的动物。

🔺 灰鲸

避暑的方法

▶ 许多哺乳动物会等太阳落山以后再出来活动。

▶ 松鼠的尾巴像遮阳伞似的罩在身上，抵挡阳光。

盛夏季节，天气非常炎热，人们会想出各种方法来避暑，如开空调、喝冷饮等等。其实，很多哺乳动物也有自己独特的避暑降温"高招"，它们有的泡在水里洗澡，有的会躲起来，有的还会选择夏眠，方法可谓是多种多样。

河马皮肤分泌的黏液可以避免脆弱的皮肤被晒伤

独特的"防晒霜"

体形庞大的河马到了夏天并不发愁，因为它的皮脂能分泌出一种黏液，这种黏液干燥后，就像在河马的身体上抹了一层"防晒霜"一样，既能防晒又能隔热，非常管用。

有用的大耳朵

兔子长得十分可爱，它们身体最大的标志就是长耳朵了。有趣的是，兔子那两只长长的、血液流畅的大耳朵还起着"散热器"的作用，可以不断地将自己身上的热量排出体外，从而降低身体的温度。

兔子的耳朵布满了毛细血管，竖立时可以散热

▲ 马达加斯加岛上的卷尾豪猪

会夏眠的豪猪

在非洲的马达加斯加岛上，有一种豪猪最喜欢以蚯蚓为食。而到了炎热的夏季，那儿的气温高、雨水少，很难找到蚯蚓。在没有食物的情况下，豪猪只得用夏眠来熬过这段艰苦炎热的日子，直到夏末秋初，它才会醒来觅食。

多种降温法

象海豹身体内有一层厚厚的鲸脂层，在冬天可以保暖，但到了夏天就会使它的身体热量增高。为了给身体降温，象海豹会采用多种方法，如喘气、拍打它的鳍肢，还有爬到陆地上来回打滚等。

❤ 象海豹

17

求偶

> ▶ 大象通常会用决斗的方式来求偶。
>
> ▶ 雄鹿会通过在树上留下自己的气味来吸引雌鹿。

大多哺乳动物要繁衍后代、生儿育女，都会历经寻求配偶的过程。为了找到自己中意的"心上人"，它们会使尽浑身解数，通过各种各样的方式来表达自己的爱意，其实这些表达爱意的方式往往并不比人类的简单和无趣。

精彩的表演

哺乳动物的求偶表演虽然不及鸟类复杂，但也有自己精彩的表演。水羚是一种主要生活在非洲的羚羊，体形中等、身姿优美。非洲水羚往往会聚集在一个公共的场所进行求偶表演，这块场地就是它们的竞偶场。

🔺 水羚

用犄角决斗

牛、鹿等一些动物的犄角还有一项重要的作用，当繁殖季节到来的时候，雄性总是会用犄角来一决高下，只有胜利者才能得到雌性的青睐。不过，它们一般不会为情而死，占下风的一方往往会落荒而逃。

◑ 长鼻猴

长鼻子的优势

长鼻猴是东南亚加里曼丹特有的动物,也是一种群居猴类。雄长鼻猴随着年龄的增长鼻子会越来越大,最后形成像茄子一样的红色大鼻子。它们就是依靠硕大的鼻子来求偶的,往往谁的鼻子越长就越能得到雌性的欢心。

◐ 犀牛的求偶角逐

不浪漫的求爱

犀牛不仅长相丑陋,而且雄性犀牛求爱的方式也一点都不浪漫。低吼、攻击、以头或角冲撞、以脚刨地、排便、分散粪便等,这些并不"文雅"的动作,都是它们求爱的常用招式。

◔ 雄性羚羊在用犄角进行求偶决斗

19

伟大的母爱

▶ 大猩猩总是不停地帮自己的孩子梳理毛发。

▶ 遇到危险时，海豹妈妈会先将小海豹推进水里。

骨肉亲情是天生的感情，不仅仅是人，动物当中的亲子行为也随处可见。幼小的动物没有防范敌人的能力，所以总会面临许多危险，危难时刻，它们的妈妈往往会挺身而出，不惜一切代价保护自己的孩子，显出伟大的母爱本色。

爱干净的獾妈妈

为了让幼崽住得舒服，獾（huān）妈妈通常会把自己孩子的窝打扫得很干净。它们会定期给自己的洞穴换上新鲜的干草和叶子，有时还在洞穴附近挖一个坑作为卫生间。

⬦ 獾

负鼠妈妈的爱

小负鼠刚出生的时候非常弱小，需要待在妈妈的"袋子"里。在里面生活两个月以后，小负鼠就会爬到妈妈的背上，相互用尾巴缠住不放。妈妈用背驮着孩子，爬树觅食、同进同出，负鼠的名字就是这样来的。

◀ 负鼠妈妈背着小负鼠到处行走

背着孩子的狐猴

　　狐猴生活在马达加斯加岛上，喜欢在树上攀爬，是一种原始的猴子。小狐猴刚出生时，还不能独立行走，只好骑在妈妈的背上。因此，狐猴妈妈总是背着它们，从一棵树上跳到另一棵树上。

❶ 狐猴妈妈背着幼崽爬上枝端

勇敢的羚羊妈妈

　　除了平常无微不至的照顾，危急时刻，为了保护自己的孩子，羚羊妈妈会主动站在自己幼崽和捕食者之间，以转移敌人的注意力。有时候，它们甚至会舍命保护自己的孩子，不畏危险地与对手展开决斗。

❶ 羚羊妈妈警惕地注视着草原上的动静

21

动物宝宝

▶ 熊猫宝宝刚出生时非常弱小，需要妈妈照顾。

▶ 小考拉出生以后，只能待在妈妈的育儿袋里。

在自然界中，每天都有许多动物宝宝出生。无论哪种动物刚来到世界上的时候，都非常弱小，它们的成长离不开父母的照料和哺育。这些哺乳动物宝宝要在这个弱肉强食的世界艰难地成长，并且不断学习求生的技能。

◀ 小角马在妈妈的帮助下试着站起来

小角马

小角马刚出生的时候，四条小腿连站都站不稳。然而，它的四周都是野狗和狮子，所以小角马必须要在两三个小时内站起来，并且要跟着妈妈向前奔跑才有可能保住性命。

22

幼鹿

幼鹿的腿力很弱，它们通常无法逃脱饥饿的美洲豹或狼的追击。因此，遇到危险的时候，幼鹿就会一动不动地躲在隐蔽处，等待危险过去。它们身上的斑纹可以在光影斑斓的树林中，起到很好的隐蔽作用。

◐ 躲避在草丛中的幼鹿

◐ 水獭宝宝和妈妈在岸上休息

水獭宝宝

水獭善于游泳和潜水，是名副其实的游泳高手。其实，小水獭并不是一生下来就会游泳的，有时候妈妈为了教会它们游泳，甚至会将它们强硬地推下水去。有过几次这样的经历后，水獭宝宝就能在水里游泳了。

黑猩猩宝宝

黑猩猩宝宝在刚出生的几个月内，几乎完全依靠妈妈生活。这段时间里，它们不断增强体力，用玩耍的方式学习自己群落的"规则"。黑猩猩宝宝之间相互追逐嬉戏，一起探险，并学习如何用声音和面部表情进行交流。

◑ 黑猩猩宝宝跟妈妈学习生存本领

捕猎方式

▶ 群居动物经常协同作战、共同捕猎。

▶ 豹子一般采取锁喉的方式，使猎物窒息而死。

食物可是哺乳动物维持生命的基础，所有动物，不论是强大的还是弱小的，不论是食肉的还是食草的，都离不开食物。食肉动物通常都要通过捕猎来获得食物，这些不同的动物也有着自己不同的捕食方式，往往令人大开眼界。

▶ 豺

合作捕食

豺（chái）长得和狼很像，但体形要小一些，因为毛发呈赤棕色，所以又被叫作红狼。豺也是一种"集体观念"很强的动物，猎食时总是群体出击。它们通常一拥而上，从前后左右一起进攻，这样再强大的动物也无法招架。

独自享用

花豹是一种大型肉食动物，它的身体异常强壮，能将捕获的猎物拖到树上，这样一来，就不会被其他的掠食者或食腐动物发现。有时，一只花豹甚至能把相当于自身体重3倍的猎物，放到非常高的树枝上。

▶ 花豹将猎物拖到树上

耐心地等待

北极熊可以连续几个小时在冰面上等候海豹。当海豹稍一露头，它便会以极快的速度，朝着海豹的头部猛击一掌，可怜的海豹还不知道发生了什么事就一命呜呼了。

▶ 北极熊捕食

装死诱捕法

穿山甲最爱吃的食物就是蚂蚁，有些穿山甲会采用装死的方法来诱捕蚂蚁。通常，它会选择躺在蚁穴附近一动不动装死，还会张开身上的鳞片。在太阳光的照射下，穿山甲身上的皮肉会散发出强烈的异味，诱使蚂蚁倾巢而出。

▶ 穿山甲

防御本领

> ▶ 豪猪、针鼹尖利的刺是它们最好的防卫武器。
>
> ▶ 有些动物还会采取装死的方法来蒙骗对手。

许多强大而凶猛的肉食动物都有自己的进攻利器,而那些弱小的动物虽然没有厉害的进攻武器,但在长期艰难的生存斗争中,为了能够很好地活下去,它们也演变出了独特的防御本领,足以让自己保全性命。

坚实的铠甲

犰狳(qiúyú)因为全身披着坚实的铠甲,因此又有"铠鼠"的别称。它具有敏锐的嗅觉和视觉,遇到敌人时能以极快的速度把自己的身体隐藏到沙土里,如果来不及躲避,它就会迅速将身体缩成球状。敌人面对这样一个"铁球",往往无可奈何。

犀牛角

◀ 犰狳

用角来决斗

角是许多草食动物的一种武器,用它可以和来犯的敌人决斗。在这些角中,威力最大的便是犀牛的角,坚硬而锋利;而长得漂亮的角则有鹿角、羊角等。有时,它们同类之间也会用角来一较高下。

特殊的本领

瞪羚不仅擅长急速奔跑,还有急转弯的特殊本领。它发现危险时,通常会全力奔跑一阵,然后又会突然停住,马上改向另一侧跑去。如果它不拐弯,那么就很有可能被敌人抓住。

以"臭"制敌

有些动物保护自己的本领很特殊,它们因为能分泌臭液而"臭名远扬",比如臭鼬、黄鼠狼等。这些动物对付敌人的最大绝招就是放臭屁,它们通常用这种方法来抵御敌人,然后自己再乘机溜掉。

⬤ 瞪羚利用急速转弯逃跑技术逃脱猎豹的捕食

遇到危险时,臭鼬会反转身作倒立状向敌人喷射臭液

27

老　虎

分类:哺乳纲—食肉目
栖息地:森林
食物:各种森林动物
天敌:无

老虎拥有"百兽之王"的称号,是一种非常凶猛的肉食动物,还可以堪称是最为完美的捕食者。虽然老虎和狮子是近亲,但与狮子不一样,老虎不喜欢群居生活,总是习惯独来独往,而且每只老虎都有自己的领地。

偷袭捕猎法

老虎一般生活在山林间,主要捕食鹿、羚羊、野猪等大型食草动物。它的跳跃能力很强,还有自己独特的攻击方式。一般遇到猎物的时候,老虎通常会先潜伏下来,然后寻找掩护,再慢慢接近,最后从后面袭击。

🔺 老虎捕食时,行动机警隐蔽

🔺 老虎长有四颗又大又锋利的獠牙

锐利的牙齿

尽管老虎的牙齿并不是很多,但每颗都十分锐利。它常常用巨大而尖锐的牙齿死死地咬住猎物,直到猎物死了之后才松口。这些牙齿的力量还非常大,可以把猎物撕碎吞食。

🔺 泡在水里的老虎

老虎不怕水，喜欢在水里嬉戏、洗澡，而且还是个游泳高手。每当它捕食猎物时身体就会发热，满身都是臭汗，这时它便利用水来降温。通常，老虎不会马上跳入水中，而是慢慢地先蹲下来，将长长的尾巴浸入水中，然后用尾巴把水往身上扬。

占山为王

老虎在占领了自己的领地以后，往往就会将本地所有的大型食肉动物，比如狼、豹、熊等都赶走，这就是所谓的"占山为王"。在巡视领地时，老虎一般还会用锐利的爪子在树干上抓出痕迹，用来划定自己的势力范围。

狮　子

分类:哺乳纲—食肉目
栖息地:非洲草原
食物:各种草原动物
天敌:无

狮子通常生活在草原上,是非洲草原的统治者,常被人们称为"草原霸主"。雄狮与雌狮长相不同,雄狮体格健壮,颈部有夸张的鬃毛,而雌狮大概只有雄狮子的三分之二那么大,颈部也没有鬃毛,因此十分容易辨别。

◀ 威风凛凛的雄狮

明确的分工

狮子是猫科动物中唯一喜欢群体生活的动物,通常一个大家族都住在一起,狮群里约有20~30个成员,并且分工明确。雌狮主要负责狩猎和哺育孩子,而雄狮则负责驱赶敌人,保护家园。

合作捕食

雌狮在捕食时总是协同合作，尤其是在猎物个头比较大的时候。它们常常会从四周悄然包围猎物，并逐步缩小包围圈，等到时机成熟之际，便猛扑过去，一口咬住猎物的脖子，使其窒息而亡。

🔺 雌狮捕猎

面临挑战

雄狮那威风凛凛的鬃毛和硕大的头颅实在是难以隐蔽，不方便外出狩猎，但在对付水牛、河马等大型猎物时，它仍然会表现非凡。雄狮常常还要面对外来雄狮的挑战，一旦在决斗中失败，它就不得不离开狮群。

慵懒的动物

狮子看起来十分威猛，但实际上是一种非常慵懒的动物。它们每天都只在凌晨、黄昏，或晚上花两三个小时狩猎，而其余的时间都在睡觉或休息，甚至仅仅是待在那里什么都不干。如果一旦吃饱了，狮子能好几天都不用捕食。

🔺 雄狮偶尔也会参与捕食行动

雌狮

31

猎豹

分类:哺乳纲—食肉目
栖息地:非洲热带草原
食物:羚羊、角马等食草动物
天敌:狮子、鬣狗

猎豹又被称为印度豹,是目前陆地上奔跑速度最快的动物,一只全速奔跑的猎豹,时速可以达到 120 千米,所以它可以说是动物界当之无愧的短跑冠军。但是,猎豹只是擅长短跑,在长距离奔跑时速度就慢多了。

身体的标志

　　猎豹这个词源自古印度语,是斑点的意思,它很准确地抓住了猎豹的主要特征。猎豹全身覆盖着金黄色的皮毛,上面布满了黑色的斑点。它从嘴角到眼角还有一道黑色的条纹,这也是区分猎豹与其他豹子的标志之一。

猎豹脸上的黑色条纹

▼ 猎豹

◁ 奔跑的猎豹

跑得快的原因

　　猎豹的腿很长、身体很瘦，柔软的脊椎骨可以弯曲，从而能像弹簧一样产生瞬间的爆发力。它有一个特大的肺，在短时间内可以提供足够的氧气。这些因素使猎豹具有了猎食时快速出击的优势。

以速度取胜

　　猎豹主要依靠自己风一般的速度来捕捉猎物，很少进行偷袭或群体攻击。因为急速奔跑需要消耗大量能量，所以猎豹的耐力较差，而且每次捕猎都要拼尽全力，如果多次失败后，它可能就要饿肚子了。

◑ 急速奔跑之后，猎豹要休息一下，或者喘喘气，才能开始进食

猎豹的爪子

　　猎豹的爪子在幼年时是可以完全收缩的，但成年后就不能收回来了，会变得和狗爪一样钝。但它却带来了一个好处，那就是猎豹在高速奔跑时，爪子能紧紧抓住地面，就像短跑运动员的钉鞋。

33

狼

分类:哺乳纲—食肉目
栖息地:北半球的温带地区
食物:野兔、鹿等小型动物
天敌:狮子、老虎等

狼是狗的近亲,模样像狗,个头也和狗差不多。只是它的嘴巴稍微宽阔些,耳朵竖立着,尾巴总是垂在身后或夹在后腿之间。狼的嗅觉、听觉都非常敏锐,背部和腿部十分强壮,所以十分善于长距离奔跑。

夜晚活动

狼是一种夜行性的动物,习惯于夜晚出来活动。它们白天喜欢躲在隐蔽处休息,天黑后就集群外出寻找食物,所以人们常在夜晚听见狼的嚎叫声。狼一般靠叫声来传递信息,总是通过嚎叫来集合成群。

◐ 嚎叫的狼

◐ 狼是群居性动物,狼群通常有一只头狼带领狩猎

集体捕猎

狼群一般都是集体捕猎的,它们在捕猎时会先由一只狼来确定目标,其余的则跟随其后。狼群会从各个方向围追堵截猎物,如果猎物数量较多,狼群就会驱赶猎物,使猎物群造成恐慌,然后再伏击。

奔跑高手

狼的行走速度很快，奔跑起来速度更是快得惊人，依靠着能快速奔跑的修长四肢，它可以对猎物穷追到底。狼还具有很好的耐力，适合长途迁移，如果是长跑，它的速度甚至会超过猎豹。

慈爱的一面

狼平时给人们留下的印象总是凶残的，其实它们也有不为人知的一面。狼一旦选中伴侣，就会终生厮守，彼此照顾。它们也非常爱自己的孩子，母狼常常会将肉咬碎去喂小狼，还会耐心地教小狼捕猎的技巧。

○ 狼不仅善于奔跑且善于追踪，它们往往会一连几周追踪一只猎物，不停不息

○ 母狼与幼崽

35

狐　狸

分类:哺乳纲—食肉目
栖息地:森林、草原和丘陵
食物:鼠类等小型动物
天敌:虎、狼、鹰等

狐狸的个头不大,力气也小,但它凭借敏捷的身手能捕食到各种昆虫、鼠类等小动物。狐狸的警觉性很高,如果它窝里的小狐狸被发现了,狐狸就会立即"搬家"。或许正是因为聪明和警觉,人们才会把它塑造成狡猾的形象。

▶ 机警的狐狸

修长的四肢

狐和狸

狐和狸其实是两种动物,人们平时常说的狐狸实际上是狐。狸的样子很像狐,但身体比狐胖,嘴巴没有狐的尖,尾巴也没有狐长。在众多不同的狐狸中,赤狐是分布最广、数量最多的一类成员。

● 貉狸在外形和狐很相似

敏捷的身手

　　狐狸行动敏捷,它敏捷的身手除了用来捕食以外,还常常用来逃跑。狐狸逃跑的速度非常快,一般来说,即使再厉害的狗也很难捉到它。狐狸的这项特殊本领,可是在残酷的生存竞争中练就出来的。

🔴 狐狸依靠敏捷的身手可以捕到小型的鸟类

会发光的眼睛

　　狐狸喜欢在夜间活动,它的眼睛在黑暗的环境中也能够看清东西。狐狸的眼球上有特殊的结构,能把微弱的光线聚集起来,使眼睛闪闪发光。所以,黑夜中狐狸的眼睛就像是一对若隐若现的星星。

灵敏的耳朵

灵活的耳朵

　　狐狸有一对大大的耳朵,直立且呈三角形。它那灵活的耳朵能对声音进行准确定位,特别灵敏,任何一点细微的声音,甚至是轻微的呼吸都可以听到。狐狸的耳朵还有一个特殊的功能——可以散发自己体内过多的热量。

斑鬣狗

分类	哺乳纲—食肉目
栖息地	草原和半荒漠地区
食物	斑马、角马和斑羚等
天敌	无

斑鬣(liè)狗也叫斑点鬣狗，由于擅长清理动物吃剩下的肉和骨头，被称为草原上的"清道夫"。其实，斑鬣狗也是一种非常凶猛的肉食动物，它们常常集体猎食各种动物，并不是只靠吃别人的残羹剩饭而生活的弱者。

群体生活

斑鬣狗通常过着群体生活，一个群体大到上百只，小到十几只。每个家庭都由雌性头领统治，家庭权力结构等级森严。雌斑鬣狗往往要比雄斑鬣狗长得更大一些，而且也更凶猛。

▶ 依靠群体的力量，鬣狗也能捕食到像水牛这样的大型动物

丑陋的长相

斑鬣狗的外形和狗很像，但身材很不匀称，它身体的前半部分要比后半部分粗壮，脑袋也比较大。斑鬣狗的毛色呈淡黄色至淡褐色，虽然身上也有与豹子类似的黑褐色斑点，但却没有豹子那样高贵的气质。

🔺 斑鬣狗的体形一般属于中等偏大

合作捕猎

斑鬣狗集体捕猎的时候会互相合作，通常先散开，然后再渐渐从四面八方靠近并包围猎物，使它不能逃脱。一旦有一只鬣狗咬住猎物，其他的便会一拥而上，同时撕咬猎物的肚子、颈部、四肢和全身各处，再大的猎物恐怕也难逃厄运。

显著的特征

斑鬣狗一般白天在草丛中或洞穴中休息，夜间才出来活动。因此，在入夜后，非洲草原深处会传来嗥叫声和令人毛骨悚然地哈哈大笑声，那是斑鬣狗在围捕猎物或互相打斗，这狰狞的笑声就是它们显著的特征了。

🔺 斑鬣狗狰狞的笑声

39

棕熊

分类:哺乳纲—食肉目
栖息地:寒温带森林
食物:植物、昆虫和其他小动物
天敌:无

熊 家族成员众多,有黑熊、北极熊等,而其中个头最大、分布最广、名气最响的无疑就是棕熊了。棕熊粗密的被毛有棕色、黑色等,有一些棕熊的毛尖颜色偏浅,甚至近乎银白,看上去像披了一层银灰,因此也被称为"灰熊"。

🔺 体态笨重的棕熊

性情孤僻

棕熊主要在白天活动,它的性情非常孤僻,除了繁殖期和抚养孩子的时候外,一般都单独活动。每只棕熊都有自己的活动区域,它经常啃咬树干,而且还会站起来,用爪子在树干上抓挠或用身体在上面蹭,以留下的痕迹。

貌似笨拙

棕熊的身体粗壮,走起路来摇摇晃晃,看上去笨手笨脚的。不过,别看棕熊平时行动很缓慢,但如果遇到危险,它就会爆发出惊人的速度。棕熊的食性很杂,什么东西都可以吃,胃口也很大。

◔ 阿拉斯加棕熊捕捉逆流而上的鲑鱼

粗钝的爪子

棕熊有一双有力的"大手",前爪的爪尖很长,因为不能像许多猫科动物那样缩回去,所以爪尖相对比较粗钝。但是,它的前臂在挥击的时候力量十分巨大,"粗钝"的爪子依然可以造成极大的破坏。

体形最大的棕熊

阿拉斯加棕熊身长3米,重可达800千克,是体形最大的棕熊。因为它有时候会用两条后腿直立行走,所以又被称为"人熊"。直立行走可以使它更好地观察四周的动静、及时发现食物,并快速躲避敌人。

◔ 站立起来的棕熊显得很高大

41

北极熊

分类:哺乳纲—食肉目
栖息地:北极的岛屿和浮冰上
食物:海豹、海象等
天敌:虎鲸

北极熊又名白熊,因为拥有和冰雪同样颜色的皮毛而得名,可以说它是北极的象征。它生命中大部分时间都处于"静止"状态,如睡觉、休息,或者是守候猎物,剩下的时间一般是在陆地和冰层上行走,或是在水中游泳。

双层"保暖衣"

北极熊全身披着厚厚的白毛,仅鼻头有一点黑,看起来憨态可掬。它有着双层"保暖衣",一层是它那浓密柔软的长毛,可以吸收热量。在它的皮下还有一层厚厚的脂肪,可以减少热量的散失。

北极熊的毛是空心的,可以防水隔热

◀ 雪窟中的北极熊

温暖的雪窟

尽管北极熊有一套自己的保暖方式,但它们的幼崽通常是在深冬时候出生。因此,为了给孩子保暖,北极熊的整个家庭通常藏身于温暖而舒适的雪窟中,因为那里的温度会比外面冰天雪地的环境高得多。

游泳健将

北极熊的身体呈流线型,熊掌宽大得就像前后双桨一样。在寒冷的北冰洋中,它可以畅游数万米,是长距离游泳的健将。不过,北极熊只能称得上是单项游泳的健将,因为它的潜泳能力并不太强。

🔺 游泳的北极熊

灵敏的嗅觉

北极熊虽然外表温驯,但是性情却很凶猛。除了海豹外,它也捕捉海象、鱼类和小型哺乳动物等。北极熊之所以可以在冰天雪地中找到猎物,它的鼻子功不可没。北极熊的嗅觉非常灵敏,是犬类的7倍。

北极熊灵敏的嗅觉是它捕食的利器

43

大熊猫

分类：哺乳纲—食肉目
栖息地：亚热带竹林
食物：竹笋和竹叶
天敌：豺、豹、黄喉貂等

大熊猫是中国特有的珍稀动物，被誉为"中华国宝"。它以自己圆滚滚的身材、黑白分明的皮毛和憨态可掬的形象，赢得了人们的喜爱。别看大熊猫长得胖嘟嘟的，它最爱吃的食物却不是肉，竹笋和竹叶才是它最喜欢的食物。

◀ 大熊猫吃竹叶

名字的由来

大熊猫最初的名字其实叫"猫熊"，后来一个法国人来到中国，他被这种奇妙的动物所震撼，就把猫熊介绍给了全世界。因为外国人不知道当时中国的文字是从右向左读的，因此后来就渐渐地被叫成"熊猫"或"大熊猫"了。

高超的爬树技巧

大熊猫的行走方式非常有趣，经常会用标志性的内八字方式来行走。别看它平常行动迟缓，但是一旦遇到敌人，它就会迅速地爬到树上去。大熊猫的爬树技巧十分高超，甚至可以爬到大树的最顶端。

◗ 熊猫宝宝将自己倒挂在树干上

高难度"体操"

有时候，人们会看到笨拙的大熊猫在大树旁倒立，不过你可别以为它是在做什么高难度"体操"。其实，大熊猫这么做是为了将体味留在树干上，从而避免和一些"兄弟"发生冲突而已。

◗ 大熊猫妈妈和宝宝

慈祥的妈妈

刚出生的大熊猫宝宝非常弱小，为了专心致志地抚育宝宝，大熊猫妈妈通常一胎只生一只幼崽。它要把孩子养育一年或更长的时间，当它认为孩子完全可以活下来后，才放心让小熊猫独立生活。

浣熊

分类：哺乳纲—食肉目
栖息地：潮湿的森林地区
食物：虾、昆虫、蛙、鱼
天敌：美洲狮、郊狼、狐狸等

浣熊虽然叫熊，但却长得一点儿也不像熊，反而有点像小熊猫。它的脸部长得很像狐狸，有一双乌黑发亮的眼睛，最大的特征就是眼睛周围是黑色的，与周围的毛色形成鲜明对比，看上去像是戴了一副墨镜，十分有趣。

◀ 浣熊

浣熊的生活

浣(huàn)熊原产自北美洲，生活在美洲大陆，喜欢栖息在靠近河流、湖泊或池塘的树林中。它们大多成对或结成家族一起活动，十分喜欢上树，常常以树洞为窝，白天大多在树上休息，晚上才出来活动。

🔺 栖息在树洞里的浣熊

奇怪的习惯

浣熊在吃东西之前,总是要把食物放在水里洗一洗再吃,它的名字也是因此而来的。甚至有的时候,用来清洗的水比食物还脏,它也要洗洗再吃。浣熊为什么有这样的习惯,至今也没有一个确切的答案。

○ 在河边洗食物的浣熊

"食物小偷"

由于环境的破坏,浣熊有时也会选择离城市较近的地方居住。它们生性好奇,经常侵袭农作物,在垃圾堆中寻找食物,有时甚至会跑到附近居民家里毫不客气地打开冰箱或饮料瓶,饱餐一顿后扬长而去,因此还常被人们称为"食物小偷"。

○ 浣熊对人类的食物很是喜爱

不负责任的爸爸

雄性浣熊是不负责任的爸爸,它只给了小浣熊生命,却从不照顾它们。浣熊日常生活中的一切,比如筑巢、养育孩子等事情,都要由雌性浣熊来负责。

○ 浣熊妈妈及幼崽

小·熊猫

分类:哺乳纲—食肉目
栖息地:高山林区或竹林内
食物:植物、小鸟
天敌:青鼬、豺、金钱豹等

小熊猫长了一张像小丑一样的脸,温柔的眼睛、圆圆的鼻子,看起来像浣熊又有点像狐狸。它的性情温顺,平时习惯独自生活,不喜欢群居在一起。现在,由于人们长期砍伐森林等原因,野生小熊猫的现状已经不容乐观。

🔻 小熊猫

"九节狼"

小熊猫背部的毛色为红褐色,而眼眶、两颊、嘴部周围和胡须都是白色的。它长着一条蓬松的长尾巴,上面还有棕色与白色相间的 9 节环纹,看起来很特别,也因此被人们称为"九节狼"。

有趣的走路姿势

小熊猫的体形肥胖,四肢粗短,脚下长着厚密的绒毛,适合在密林下湿滑的地面或者岩石上行走。它在走路的时候,前脚通常向内弯,显得步态蹒跚,与熊类走路的姿势类似。

爬树本领高

尽管小熊猫平时动作缓慢，看上去很笨拙，但攀爬技术却很高超，往往能爬到高而细的树枝上休息或躲避敌人。它常常会在树顶的阴影中睡觉，以此来躲避日间的高温，有时还会用长长的尾巴盖住脸。

▶ 在树上休息的小熊猫

浣熊的表兄弟

小熊猫和大熊猫不但名字像，而且在头骨、饮食习惯、牙齿构造等方面也很相似。它们的牙齿都可以咀嚼竹子；脚趾都可以弯曲，这样才可以抓住竹子。

不过，它们在亲缘关系上却相距很远。小熊猫是浣熊的表兄弟，而大熊猫和熊是近亲。

▶ 和大熊猫一样，竹子也是小熊猫的最爱

49

长颈鹿

分类：哺乳纲—偶蹄目
栖息地：非洲草原
食物：树叶
天敌：狮子、猎豹等

长颈鹿是现在陆地上最高的动物，它最大的特点就是有一个长得出奇的脖子，通常一只5米多高的长颈鹿，脖子就有2米长。长脖子不仅可以让长颈鹿吃到高处的枝叶，还能让它的视野更加开阔，一下子就能看到远方的敌人。

鹿角

花格子衣服

长颈鹿的皮肤上布满了棕黄色斑块，这些斑块交织成网状，看起来就像一件花格子衣服。这可是它天然的保护色，在树荫下能起到隐蔽的作用，使自己不容易被敌人发现。

特别的鹿角

长颈鹿有一对灵敏的大耳朵，它常常会不停地转动耳朵来寻找声源。它的两只耳朵中间还架着一对特别的鹿角，就像一顶"王冠"。与其他有角的鹿不同，长颈鹿的角表面终生覆盖着带毛的皮肤，而且永远不会更换和脱落。

长颈鹿

舌头的妙用

长颈鹿的长舌头十分有趣，既是"钩子"又是"搅拌机"。平时，它只要用舌头轻轻一钩，便可轻易吃到高枝上的叶子，这些叶子被舌头在口腔中来回搅动，很快就被嚼烂了。

长长的舌头

长颈鹿的舌头上有一层坚韧的角质，能防止被刺槐刺伤

不方便的地方

长颈鹿不仅脖子长，腿也很长，它必须把两条腿叉开或跪在地上，才能费劲地喝到水。由于喝水的时候很容易受到其他动物的攻击，所以长颈鹿会尽量减少喝水的次数，并常会多吃一些嫩叶来补充身体需要的水分。

长颈鹿喝水时,会有几只站岗放哨

骆驼

分类：哺乳纲—偶蹄目
栖息地：亚洲和非洲沙漠地区
食物：植物的枝叶等
天敌：狼、雪豹

骆驼能耐饥渴、耐冷热，不怕风沙，是沙漠里鼎鼎大名的一种动物，常被人们誉为"沙漠之舟"。在骆驼的家族中，单峰骆驼比较高大，在沙漠中能走能跑，可以运货和驮人。双峰骆驼四肢粗短，比较适合在沙砾和雪地上行走。

🔺 单峰骆驼

大大的驼峰

骆驼的背上长着大大的驼峰，驼峰里储存着特殊的脂肪。在沙漠中，如果没有食物和水，驼峰里储存的脂肪，就会在必要的时候转变成身体急需的养分和水，以维持骆驼的生命活动。

不怕风沙的秘密

骆驼有许多独特的"装备"，它耳朵里的毛能阻挡风沙进入，双重眼睑和浓密的长睫毛可以防止风沙进入眼睛，鼻子还可以自由关闭。此外，骆驼的脚掌扁平，脚掌有又厚又软的肉垫子，让它在沙地上行走时不会陷入沙中。

沙漠中的驼队

驼峰

有趣的鼻子

骆驼的鼻子十分有趣，除了能自由地闭合外，还是骆驼寻找水源的好帮手。不仅如此，每当骆驼呼出气以后，它的鼻腔就会将混在空气中的水分子重新吸收回来。长管状的呼吸道可以使呼出的气体冷却下来，并保存其中绝大部分的水分。

存贮水的地方

许多人都以为骆驼的驼峰里能贮存水，其实它的胃里有许多瓶子形状的小泡泡，那才是骆驼存贮水的地方。有了这些"瓶子"里的水，骆驼即使几天不喝水也不会有生命危险。

骆驼的眼睛和鼻孔都很大，这使它有很好的视觉和嗅觉

双峰骆驼

53

犀 牛

分类:哺乳纲—奇蹄目
栖息地:草原、沼泽、丛林等
食物:野草、树叶、植物果实
天敌:无

犀牛是陆地上最强壮的动物之一,它的身躯庞大而粗壮,有着厚而粗糙的皮肤,腿比较短,看上去相当笨拙。犀牛的眼睛很小,视力较差,所以主要靠灵敏的听觉和嗅觉生活,它最突出的特点就是头上还顶着硬硬的角。

锋利的角

犀牛角最长的能达到1.6米,它的数目不同,有的犀牛有两只角,有的只长了一只。犀牛角还是犀牛最强有力的武器,角的尖端十分锋利,就像一把尖刀一样,即使是一头大象也能被它刺穿肚皮。

犀牛的皮是目前所有陆生动物中最厚的

黑白犀牛的由来

据说第一批到达非洲的荷兰人发现当地的犀牛一种嘴略宽、一种嘴略窄,于是称嘴宽的为"wide"(宽),以讹传讹就成了"white"(白色),另一种自然就是"black"(黑色)。这便是"白犀牛""黑犀牛"名字的由来。

▲白犀牛

防止蚊虫叮咬

　　犀牛的皮肤皱褶之间有很多又嫩又薄的地方，所以犀牛每次洗完澡后，都会把泥浆涂满全身，从而形成保护膜来防止蚊虫叮咬。有趣的是，有一种犀牛鸟还经常停在犀牛背上，为它清除寄生虫。

🔺犀牛鸟在为犀牛清理皮肤

不可貌相

　　犀牛总是懒懒地待在水中，一般宁愿躲避而不愿战斗。不过，千万不要被这种假象所蒙蔽，犀牛在受伤或陷入困境时却异常凶猛，往往会盲目地冲向敌人。如果犀牛奔跑起来，有时速度也是相当快的。

🔺犀牛像极了一辆笨重的装甲车

🔺犀牛间的角斗

55

斑 马

分类：哺乳纲—奇蹄目
栖息地：非洲草原
食物：野草、树枝、树叶
天敌：狮子、鬣狗

斑马主要生活在非洲大草原上，因为身上的斑纹而得名。它是我们熟悉的马和驴的近亲，属于马科动物。斑马的外形与一般的马没什么太大的区别，最显著的特点就是身上长满了黑白相间的条纹，十分漂亮和醒目。

不同的成员

根据斑马的斑纹图式，耳朵形状和体形大小，可以把它们分为山斑马、普通斑马和细纹斑马 3 种。其中，体形最小的是山斑马，而细纹斑马是最大的也是大家认为最漂亮的一种斑马。

🔺 山斑马是斑马中体形最小的一种

斑马身上的条纹就像我们的指纹一样，千差万别

条纹的用处

斑马就像是穿了一件条纹外套的马，这些条纹可以混淆敌人的视线，就好像一件"迷彩服"。有趣的是，不同的斑马身上的条纹也都各不相同，这些条纹还是斑马成员之间相互识别的主要标记之一。

群居的斑马

集体生活

斑马生活在以家庭为单位组成的大集体中，每群斑马都有首领，还有哨兵轮流站岗。有时，它们也会和长颈鹿、角马、羚羊等食草动物一起生活，这样大家不仅可以分享共同的食物，还可以相互传达敌人袭击的危险信号。

高超的本领

斑马有一个高超的本领，那就是在缺少水的地方，它们会自己挖井找水。斑马的嗅觉非常灵敏，可以在干涸的河床中找到有水的地方，然后用蹄子挖土就能挖出水井，这些水井同时也方便了其他动物。

大象

分类：哺乳纲—长鼻目
栖息地：森林和草原
食物：植物果实、枝叶等
天敌：无

大象是陆地上现存最大的哺乳动物，它长得又高又大，四肢粗大如圆柱一般，俨然就是一个庞然大物。大象一般分为非洲象和亚洲象两种，它最明显的特征就是那庞大的身躯、大大的耳朵、举世闻名的象牙和灵活自如的长鼻子。

共同生活

大象喜欢群居，常由几十只大象组成一个庞大的家庭共同生活，并由雌象当首领。大象家族非常团结友爱，活动时总是会让小象走在中间，而身强力壮的雌象走在前面，雄象则走在最后。

◐ 大象灵巧的鼻子甚至可以捡起一枚绣花针

无所不能的鼻子

大象有一个可以垂到地面的长鼻子，这个鼻子几乎无所不能。它就像人的手一样，可以拿起各种重物。大象喝水是用鼻子把水送进嘴里的，它也会用鼻子吸水然后喷到自己的身上，用于降温或洗澡。

🔺 群居生活的大象

不同的声音

　　大象能用不同的声音来表达自己的心情，如满意时会发出咕噜声，不满时则会发出哼哼声等。当危险来临时，它还可以用频率很低的声音在象群中传递警报，并召回象群外的伙伴。

酷爱泥巴浴

🔻 大象在洗泥巴浴

　　大象的皮厚毛少，皮肤之间有许多褶皱。这些粗糙的褶皱之间又嫩又薄，所以一些吸血的小昆虫专门爱在这些地方叮咬。为了对付这些昆虫，大象常常去洗泥巴浴。它用泥浆把自己的皮肤包裹起来，就像又增加了一层皮肤，使虫子无处下口。

河 马

分类:哺乳纲—偶蹄目
栖息地:非洲河岸和湖泊岸边
食物:草类和水生植物
天敌:无

陆地上生活的动物除了大象以外,最大的就数河马了,不过河马并不总是待在陆地上,多数时间它喜欢潜伏在水里。河马虽然被叫作马,但从形态上看它倒更像猪。它表面上看起来温顺,但一旦发怒,就连老虎、狮子都得让它三分。

宽大的嘴

不可貌相

河马的体形庞大,腿又短又粗,身体像个又粗又圆的桶。它的身体由一层厚皮包裹着,除尾巴上有一些短毛外,身上几乎没毛。不过,虽然河马看起来很笨重,但它却比最快的短跑运动员跑得还快呢。

獠牙

巨大的嘴巴

河马长着一张血盆大口和粗壮的獠牙。它的嘴是陆生动物中最大的,嘴巴张开简直大得吓人。河马的上下颌各生长一对大獠牙,每颗獠牙有一根半筷子那么长。自卫攻击时,河马的大嘴足以将粗大的尼罗鳄咬成两截。

泡在水里

　　河马常常二三十头群居在一起，在河湖沼泽的边缘地带活动，白天天气热的时候待在水里，到了晚上便会出来找食物吃。河马的皮肤长时间离开水会变得干裂，而且它的身上没有汗腺，泡在水里可以保持恒定的体温。

🔺 河马潜水

潜水的本领

　　河马潜水的本领很强，它的鼻孔朝天，和眼睛、耳朵同在一条水平线上，只要一抬头，鼻孔就可以露出水面进行呼吸。河马的鼻孔还可以随意开闭，即使在水下也不会让水进入鼻腔。

袋 鼠

分类：哺乳纲—有袋目
栖息地：澳洲的森林和草原
食物：草、树叶
天敌：澳洲野狗

袋鼠是一种著名的有袋动物，每一只雌袋鼠的腹部都长着一个大口袋，袋鼠的名字也是因此而来的。大多数袋鼠白天在阴凉的地方休息，晚上才出来寻找食物。袋鼠的视觉、听觉和嗅觉都很灵敏，稍有异常便会迅速逃离。

育儿袋

袋鼠的口袋实际上是袋鼠妈妈的"育儿袋"。因为小袋鼠刚生下来时非常弱小，身上没有毛，眼睛也看不清东西，所以必须待在妈妈的袋子里继续发育，直到长大能够独立地生活为止。

小袋鼠从妈妈的育儿袋中探出头来

强有力的后腿

又粗又长的尾巴

御敌方法

袋鼠拥有强壮有力的后肢,通常以跳跃来代替奔跑。碰到强大的对手时,它就会以最快的速度逃离。当敌人穷追不舍时,它便会突然地转身,跃过敌人,朝反方向逃跑,这往往让追击者目瞪口呆。

⬤ 袋鼠轻轻一跃,可达 4 米多的距离

有用的尾巴

袋鼠的尾巴又粗又长,长满了肌肉,也是它强有力的工具之一。大尾巴在袋鼠跳跃过程中起平衡作用,帮助袋鼠跳得更快更远;当袋鼠缓慢行走时,尾巴则可作为第五条腿,起到支撑身体的作用;在受到威胁时,尾巴有时还可以当作武器使用。

"拳击赛事"

袋鼠之间似乎经常举办一些"拳击赛事",其实在它们的世界中,这只是一种无聊时玩的游戏。不过,这种游戏有时也被用在向异性表达爱意上。为了争夺伴侣,雄袋鼠之间经常爆发激烈的战争。

⬤ 两只袋鼠在进行"拳击"比赛

63

刺猬

分类：哺乳纲—猬形目
栖息地：森林、草原和荒漠
食物：昆虫、鸟蛋、坚果等
天敌：貂、猫头鹰和狐狸

▲ 刺猬

刺猬长得非常可爱，有些品种只比人的手掌略大一些。除了肚子以外，它的全身都长满了硬刺，就连短小的尾巴也藏在刺中。刺猬是一种十分孤僻和胆小的动物，喜欢安静的环境，大多在白天休息，晚上才出来活动。

刺猬的鼻子

灵敏的嗅觉

刺猬的视觉和听力都不太好，但嗅觉却十分灵敏。它的鼻子总是湿漉漉的，能闻到地表以下3厘米处的小虫子。刺猬最喜欢的食物就是昆虫和蠕虫了，它能消灭许多害虫，是个"植物卫士"。

● 刺猬受惊蜷成刺球状

自卫武器

想要在弱肉强食的自然界生存下去，很多动物都有自我保护的方式，刺猬身上的尖刺就是它保护自己的武器。一旦遇到无法逃脱的危险时，刺猬就会把自己缩成一个带刺的小球，这样就是再凶猛的动物也无从下口了。

致命的天敌

尽管一些大型的动物会对刺猬的针刺望而却步，但黄鼠狼却毫不畏惧。黄鼠狼释放的臭气能将刺猬熏昏，昏迷中的刺猬会逐渐放松身体，然后它就会直接从刺猬的肚皮下手，刺猬最终就难逃一死了。

🔴 黄鼠狼

刺猬的冬眠

因为不能稳定地调节体温，使体温保持在同一温度，所以刺猬在冬天时有冬眠现象。枯枝和落叶堆是刺猬最喜欢的冬眠场所，而处于冬眠之中的刺猬有时会醒来，但不吃东西，很快就又入睡了。

考 拉

分类:哺乳纲—有袋目
栖息地:澳大利亚桉树林中
食物:桉树叶
天敌:澳洲野狗

考拉又叫树袋熊,但它并不是熊,而是跟袋鼠一样的有袋动物。考拉一般白天睡觉,晚上出来觅食。它的身上长着又厚又密的软毛,脸圆圆的,有两只毛茸茸的短耳朵,还有一对圆溜溜的眼睛,样子看起来十分滑稽可爱。

树上生活

考拉四肢粗壮、尖爪锐利、善于爬树,它一生多数时间都待在树上,就连睡觉也不例外。考拉虽然在树上身手敏捷,但一到地面上就显得很笨拙。不过,遇到危险时它也能跑得很快的。

◑ 贪睡的考拉

爱睡觉的原因

考拉平均每天有 18 个小时都在睡觉,无论是白天还是夜晚,当考拉位于安全的树上时,它就会自然地呈现出各种不同的坐姿和睡姿。因为考拉吃的桉树叶所含的热量非常低,所以不得不尽量减少活动以保存体力。

考拉不喝水

考拉的名字是澳大利亚土著语中"不喝水"的意思，除非生病和干旱，它平时根本就不喝水。其实，并不是考拉有什么神通，而是它所吃的桉树叶里含有很多的水分，因此主要以桉树叶为食的考拉根本就用不着喝水。

◀ 考拉憨憨的表情像极了毛茸茸的玩具

厉害的鼻子

考拉的鼻子特别灵敏，这使它拥有了高度发达的嗅觉能力，可以轻易地分辨出不同种类的桉树叶，并能辨别哪些可以采食，哪些有毒而不能采食。当然，它还能嗅出其他同伴所遗留标记的警告性气味。

▶ 考拉是个纯粹的素食动物，非常喜欢吃澳大利亚的桉树叶

树　懒

分类：哺乳纲—拔毛目
栖息地：热带森林
食物：树叶、嫩芽和果实
天敌：美洲豹、鹰、蛇

树懒是一种懒得出奇的动物，从远处看，它和猴子长得有些像，但是动作十分迟缓。它总是把身体高高地挂在树枝上，并且可以长时间保持不动，甚至连睡觉时也是这种姿势，树懒的名字也是因此而来的。

▶ 树懒

以树为家

树懒的身体结构非常适合在树枝上悬挂。它的前肢长于后肢，上面都长有锐利的爪子，可以牢固地抓在树枝上，即使睡着了也不会掉下来。树懒在地面上的移动十分困难，因此它总会尽快地回到树上去。

◯ 倒挂着行进
的树懒

行动缓慢

虽然树懒长有脚，但是却不能走路，只能依靠前肢来拖动身体，缓慢前行。如果它要移动 2 千米的距离，就需要用 1 个月的时间。然而，在水里树懒却可以轻松地渡过溪流和小河。

▶ 慵懒之态的树懒

外号"懒汉"

　　树懒什么事都懒得做，甚至懒得去吃，懒得去玩耍。它可以耐饥一个月以上，就算到了非要活动不可的时候，动作也是懒洋洋的，即使是在被人追赶、捕捉时仍然显得若无其事，慢吞吞地爬行。树懒也因此得了"懒汉"这个贴切的外号。

▶ 身着"迷彩装"的树懒

纯天然的"迷彩装"

　　树懒的体毛长而粗，由于很少活动，再加上雨季时环境潮湿，于是一些藻类植物会在它身上生长，使树懒的浅色毛皮变成绿色，这也成了它的保护色，使它在树叶间很难被发现。这是树懒自己"发明"的纯天然的"迷彩装"。

松鼠

分类:哺乳纲—啮齿目
栖息地:寒温带的森林地区
食物:种子和果仁
天敌:貂、猛禽

松鼠是一种讨人喜爱、聪明灵巧的小动物,它的身体细长,全身长有柔软而浓密的长毛,还有一双灵动的大眼睛。聪明活泼、行动敏捷的松鼠经常在树上跳来跳去,它喜欢单独在树上居住,有的也在树上搭窝。

有用的大尾巴

松鼠时常拖着一条长长的大尾巴,在树林间灵活地穿行,这条大尾巴不仅漂亮,用处还很大。大尾巴能起到很好的平衡作用,让它不至于从树上掉下去。晚上,松鼠还会用毛茸茸的尾巴裹住身体来取暖。

◀ 松鼠

▼ 正在吃东西的松鼠

吃相可爱

松鼠会利用坚硬而锋利的门牙,咬开坚果的硬壳。吃东西的时候,它喜欢用前肢抱着食物送入口中,津津有味地咀嚼品尝。在地面上,松鼠一旦发现食物还会坐下来,捧着食物用门牙啃食。

不停生长的牙齿

松鼠喜欢吃花生、核桃、榛子、松子这类非常坚硬的东西，不光是因为这些东西好吃，关键还是为了保健。因为松鼠的牙齿是不停生长的，如果不用一些硬东西来磨磨的话，不断长长的牙齿就会戳破它的嘴巴。

嗅觉发达

松鼠的鼻子十分厉害，凭借着发达的嗅觉，它能准确无误地辨别出松子果仁的空实，凡是松塔尖上被松鼠放弃的种子里面都没有种仁。虽然这种种子的外壳没有被咬开，但松鼠还是一闻就知道了。

◀ 在树枝上嬉耍的松鼠

71

大食蚁兽

分类:哺乳纲—贫齿目
栖息地:美洲热带雨林与草原
食物:蚂蚁、白蚁
天敌:美洲虎、美洲狮

食蚁兽家族成员大小不同,它们的体形差别也很大。大食蚁兽是现存食蚁兽中体形最大的一种,它的眼睛极小,视觉很不发达,所以行动主要依靠灵敏的嗅觉,最突出的特征就是有一个长管状的嘴和一条浓密厚实的长尾巴。

用舌头捕食

大食蚁兽没有牙齿,不过它却有一条又尖又细的空心长舌头。当嗅到蚂蚁巢穴的气味后,大食蚁兽就会用爪子打开巢穴,然后用长舌头上极强的黏液沾上蚂蚁,再把长舌往回一缩,美食就下肚了。

▲ 大食蚁兽在捕食蚂蚁

大食蚁兽的舌头虽长,但却伸缩自如

粗大的尾巴

大食蚁兽有一条粗大的尾巴,占身长的一半还多,尾巴上还覆盖着长毛。在下雨天和天气较热的时候,大尾巴可以竖起来当伞;晚上睡觉时,尾巴又能用来覆盖全身,好像盖了一条大棉被一样,既温暖又舒服。

走路姿势

　　大食蚁兽那长满长毛的身体，看起来就像一把怪异的"扫把"。它的前腿粗壮有力，长长的爪子弯曲如镰刀。由于它的前爪长而弯，在行走时前掌挨不着地，只能以指背着地，所以走起来总是一瘸一拐的。

▶ 行走的大食蚁兽

厉害的反击

　　一旦遇到危险，大食蚁兽就会立刻逃走，实在逃不掉时，它也不会轻易束手就擒。每当这个时候，大食蚁兽会突然转身，与敌人抱在一起，然后以利爪猛刺敌人，同时口中还会发出一种奇特的哨声威胁对手。

▼ 大食蚁兽被称为动物界的"长舌妇"

河 狸

分类：哺乳纲—啮齿目
栖息地：河流沿岸
食物：树皮、树枝及芦苇
天敌：狼、熊和狐

河狸身体肥胖，头上长着短小的耳朵和小而圆的眼睛，白天大多躲在洞穴里，晚上出来寻找食物。它是一种半水栖的珍贵哺乳动物，在陆地上行动缓慢，从不远离水边活动。河狸还是游泳和潜水的能手，能较长时间在水下生活。

水利工程师

河狸善于挖掘，会建房筑坝，因而还有"水利工程师"的称号。每当移居到一条新的河流时，它就会用树枝、石块和软泥垒成堤坝。它修筑的水坝坚固而结实，建造的巢穴既舒适又安全。

♥ 河狸的外形就像一只大老鼠

桨状的尾巴

大而扁平的尾巴

河狸的胆子很小，喜欢安静的环境。它的自卫能力很弱，一旦遇到危险就会立即跳入水中，并用尾巴使劲拍击水面，以警告同类。它那大而扁平的尾巴，在游泳时还能起到舵的作用。

⚬ 河狸修筑的堤坝

♥ 在水中畅游的河狸

水中活动

河狸经常会先把树放倒，再运到河中开始慢慢品味。这样做不仅可以使它吃到树上的嫩枝，还能避免天敌的袭击。河狸的耳朵和鼻子长有瓣膜，在水中活动时可防止水流进入。它的前肢粗短有力，后肢更为强壮，后脚像鸭子的脚一样长有蹼，非常适合游泳。

厉害的门牙

河狸的门牙很厉害，不但能啃断十分粗大的树干，还能在水中拖动浮木。河狸的嘴唇闭上时门牙却还在外面，因为只有这样，它在水下咬东西时，水和杂质才不会进到嘴里。

⚬ 河狸正在用门牙啃咬树枝

75

蝙　蝠

分类：哺乳纲—翼手目
栖息地：森林、草原、山地
食物：昆虫、果实、花蜜等
天敌：蛇类、蜥蜴等

蝙蝠的头很小，耳朵较大，和老鼠长得很像。它虽然会飞，但并不是鸟类，而是唯一会飞的哺乳动物。蝙蝠大都在白天休息，夜晚外出觅食，一般聚成从几十只到几十万只的群体，经常栖息在寒冷偏僻的地方，如山洞、缝隙或废弃的建筑物内。

🔺 山洞里的蝙蝠群

飞行健将

蝙蝠非常善于飞行，它还可以在空中做圆形转弯、急刹车和快速变换飞行速度等多种特技飞行，是个名副其实的"飞行健将"。

飞行器官——翼手

虽然蝙蝠没有鸟类那样的羽毛和翅膀，但它的前肢十分发达，上臂、前臂、掌骨、指骨都很长，并由它们支撑起一层薄而多毛的、柔软而坚韧的皮膜，形成了独特的飞行器官——翼手。蝙蝠的两翼撑开时，看起来就像一个小小的帐篷。

蝙蝠的翼手

❂ 倒挂着的蝙蝠

倒挂着休息

有趣的是，蝙蝠平时很喜欢用双爪抓住岩石，倒挂在洞中或树干上。而到了冬眠的时候，它们也会保持这个姿势度过整个冬天，却从不会掉下来。蝙蝠宝宝出生后，会用爪牢固地挂在妈妈的胸部吸乳，在妈妈飞行的时候也不会掉下来。

❂ 哺乳的蝙蝠妈妈

❂ 蝙蝠利用回声定位来捕捉猎物

回声定位

蝙蝠的视力很差，主要靠喉内发出的超声波来捕食。当超声波碰到障碍物或昆虫时会反射回来，并被蝙蝠的耳朵接收，蝙蝠据此推测目标是昆虫还是障碍物，还可以度量出它的距离，这就是蝙蝠的"回声定位"。

大猩猩

分类：哺乳纲—灵长目
栖息地：非洲山林
食物：植物的果实、叶子和根
天敌：无

大猩猩是一种聪明的动物，和人一样也有喜怒哀乐的表情。它长得十分健壮魁梧，毛色大多是黑色的，但面部和耳朵上并没有毛。虽然大猩猩粗鲁的面孔和巨大的身材看起来十分吓人，但其实它可是个温和的素食动物。

群居生活

大猩猩属于群居动物，每一个大猩猩群里都由一只雄性首领来领导。每一群里有好几只雌性猩猩和它们的孩子。首领带领大家寻找食物，并且找地方让大家休息，它们完全听从首领的命令。各个大猩猩群体之间也能够和平相处。

◆ 大猩猩群

特殊的行走方式

大猩猩的身材高大，有长长的手臂，没有尾巴。它虽然常常用双足站立，但行走的时候仍是四肢着地。大猩猩走路时曲着膝盖，用前肢握拳支撑身体行进，这一行走方式被人们称为"拳步"。

◆ 大猩猩喜欢吃树叶、笋、藤本植物等，有时也捕食少量的昆虫

示威动作

　　大猩猩会用两只手拍击自己的胸膛，不仅年长的雄性拍打胸部，所有的大猩猩都会拍打胸部。其实这是大猩猩的一种示威动作，是在向对方展示自己的力量。黑猩猩也有这种拍胸的习性，但猩猩和长臂猿却没有发现有类似的举动。

🔺 大猩猩拍击胸膛示威

成年的标志

　　通常情况下，雄性大猩猩长到12岁左右的时候，背上就会长出浅灰色的毛，看上去非常威风，也十分漂亮，这是它们成年的标志。因此，成年雄性大猩猩有时也被人们称为"银背大猩猩"。

🔻 银背大猩猩

长臂猿

分类：哺乳纲—灵长目
栖息地：热带雨林
食物：水果、树叶、昆虫
天敌：巨蟒、云豹

▶ 长臂猿是和人类有着亲缘关系的类人猿之一

长臂猿是猿类家族中最小巧的一类成员，也是行动最快速和灵活的一种。它的身高还不到 1 米，但双臂如果伸展开长度能达到 1.5 米。长臂猿的长臂不仅很长，而且还特别有力，它最喜欢用长臂在森林里荡来荡去，寻找食物。

森林特技家

长臂猿一般用双臂以飞快的速度荡越前进，这种运动方式被称为"臂行"。由于长臂猿的手腕关节非常灵活，所以它在改变方向时不需要转动身体，显得非常灵巧，也因此有了"森林特技家"的美誉。

长臂猿的家庭

长臂猿的家庭一般由雄长臂猿、雌长臂猿和它们的孩子组成，通常只有 2~8 只。它们会有一片大而固定的活动范围，并且一起保卫这片领地。家庭成员之间有一半的时间都会聚在一起互相梳理毛发。

▶ 长臂猿彼此在梳理毛发

在地面上的样子

当长臂猿在地面上活动的时候，它们会尝试用双腿走路，这个时候长长的手臂就成为保持平衡的重要部分。为了保持平衡，长臂猿在行走的时候需要不断地调整身体姿势，因此行走起来歪歪扭扭，样子滑稽可笑。

◑ 长臂猿啼叫

◔ 直立行走的长臂猿

动听的啼叫

长臂猿之间利用声音来传递精确的信息，不同种类的叫声差别很大。它们常常会发出非常嘹亮和动听的啼叫，歌唱在哺乳动物中是很少见的行为，而长臂猿的歌声又是陆生哺乳动物之中最复杂和最夸张的。

◑ 长臂猿

爬行动物家族

　　爬行动物是第一批真正摆脱对水的依赖而征服陆地的脊椎动物，它们的皮肤干燥且表面覆盖着保护性的鳞片或坚硬的外壳，因此能适应各种不同的陆地生活环境。爬行动物家族成员众多，我们熟悉的鳄鱼、蛇、蜥蜴、陆地上的龟和大海中海龟等都是典型的爬行动物。

了解爬行动物

▶ 现存的爬行动物中，体型最大的是咸水鳄。

▶ 绝大多数爬行动物为卵生，胚胎由羊膜所包覆。

爬行动物的四肢和身体一般都附在其他物体上，如地面、树枝等，它们运动时会采用典型的爬行方式。现存的爬行动物主要可以分为喙头目、龟鳖目、蜥蜴目、蛇目和鳄目五个目，常见的有蛇、龟、鳄鱼、壁虎等。

不同种类的蛇，鳞片也各不相同

重要的标志

如果某种动物身上长着带有鳞片的干表皮，而且是在陆地上出生的，那么这种动物就属于爬行动物。爬行动物的表皮是鳞片状的，这些鳞片不像鱼鳞，是骨质的。除了少数的龟鳖类以外，所有的爬行动物都覆盖着鳞片。

蜥蜴体表的鳞片

84

变化的体温

　　爬行动物的身上长满了鳞片,鳞片无法有效地保持体温,所以,它们的体温会随外界温度的变化而变化,因此被称为冷血动物或变温动物。爬行动物会四处移动,穿梭往返于有阳光的地方,利用太阳的热辐射和细胞色素的变化来调节体温。

❀ 鳄鱼

❀ 海龟

栖息环境

　　与两栖动物不同,爬行动物的表皮很厚,因此不需要一直栖息在水边吸取水分。很多爬行动物都栖居在陆地上,但是海龟、海蛇、水蛇和鳄鱼等都生活在水里。

辉煌的历史

　　约6500万年前的"恐龙时代"是爬行动物的繁盛时期,爬行动物主宰地球的中生代也是整个地球生物史上最引人注目的时代。如今,爬行动物仍然是非常繁盛的一群,其种类仅次于鸟类而排在陆地脊椎动物的第二位。

❀ 恐龙

鳄鱼

分类：爬行纲—鳄型总目
栖息地：河流、湖泊、海岸
食物：鱼、蛙类和小型动物
天敌：河马、蟒蛇

鳄鱼一般生活在河流、湖泊和多水的沼泽中，是一种非常凶猛的肉食动物，也是迄今为止发现的活着的最早和最原始的爬行动物。它虽然看起来很笨拙，但实际上行动十分敏捷，不仅在水里能快速游动，上岸后还能爬行。

出色的潜水本领

鳄鱼有着出色的潜水本领，它的鼻子和眼睛长在头顶部，在水中时身体几乎全部淹没在水中，只有鼻孔和眼睛露出水面。这样，鳄鱼既可以呼吸，又能清楚地看清水面及陆地上的东西，对它的捕食十分有利。

⚠ 鳄鱼潜在水中一动不动，就像一块朽木等待敌人落入圈套

凶残的捕猎者

鳄鱼捕食的时候，总是慢慢地爬近猎物或是趴下来等着伏击它们。发现猎物后，鳄鱼会猛地咬住，然后再将猎物拖入水中淹死。鳄鱼生性凶残，饥饿时甚至连同类也不放过。

○ 生活在非洲肯尼亚马拉附近的鳄鱼能捕食体积庞大的角马

鳄鱼的牙齿在鳄鱼捕食时帮助固定猎物

吞食猎物

鳄鱼的血盆大口里，密布着尖利的牙齿。这种牙齿看起来尖锐锋利，脱落下来后还能够很快重新长出，可惜却不能咀嚼食物。所以，鳄鱼总是把食物吞下去，不过幸好它长了一个特殊的胃，消化功能特别好，任何猎物统统都能被消化。

鳄鱼的眼泪

鳄鱼在吞食食物时常常会流眼泪，其实这只是它排泄出来的盐溶液而已。鳄鱼眼睛附近长着排泄盐溶液的腺体，可以排出体内多余的盐类。海龟、海蛇、海蜥和一些海鸟也是通过这种方式来排泄多余的盐分。

蜥　蜴

分类:爬行纲—有鳞目
栖息地:热带雨林、沙漠等
食物:蜗牛、昆虫或仙人掌等
天敌:蛇类、猛禽

蜥蜴种类繁多,能适应不同的环境,是爬行动物中数量最多、分布最广的种类。它们的全身都覆盖着坚硬的鳞片,就像披着一身铠甲,身后通常还拖着一条长长的尾巴。蜥蜴也是现存动物中与恐龙最相像的,奇特的外形非常吸引人。

巨蜥

巨蜥是世界上较大的蜥蜴类之一,生活在印度尼西亚科莫多岛的科莫多巨蜥是巨蜥中体形最大的一种。虽然体形较大,但巨蜥行动起来却十分敏捷,强壮的四肢和尖利的脚爪不仅可以捕捉猎物,还可以帮助它爬树。此外,巨蜥还是个游泳的高手。

◀ 科莫多巨蜥

鬣蜥

不同种类的蜥蜴栖息的环境也不同。它们有的生活在水中，有的栖息于沙漠，有的攀爬于树林。鬣蜥是世界上最大的草食蜥蜴之一，因为它大部分时间都在树上晒太阳，所以鬣蜥有着尖锐锋利的脚爪，适合在树上攀爬。

⬤ 绿鬣蜥

⬤ 胡须蜥受到威胁时，下颚下方会膨胀起来，达到退敌的目的

饰蜥

饰蜥的家族成员外形各异、大小有别，但却有一个共同点，那就是它们借助身上隆起而粗涩的鳞片，可将自己装饰成各种吓人的模样，这也是它们名字的由来。

飞蜥

蜥蜴也会因环境的差异而演化出各种不同形态，比如飞蜥。身材纤细的飞蜥身体两侧有膜，当它移动时，会展开像翅膀一样的膜飞向空中。这同样也是雄飞蜥向异性求爱的工具，雌飞蜥同意做它的伴侣后，它们就要生育小飞蜥了。

⬤ 飞蜥

变色龙

分类：爬行纲—蜥蜴目
栖息地：雨林及热带草原
食物：昆虫
天敌：蛇、鹰

变色龙有一个正式的名字，叫作避役。它扁平的身体上覆盖着一层装饰鳞片，尾巴能像发条般卷曲或缠绕于树上。变色龙是一种非常奇特的爬行动物，最引人注目的特点就是变色，堪称是自然界中的"变色大师"。

变色的目的

变色龙能模仿周围的环境，不断变换自己的体色，然后一动不动地将自己融入周围的环境之中，以此巧妙地伪装自己。其实，变色龙改变体色的同时也是它心情状态的反映，还是变色龙传递信息的方式。

用舌头捕食

变色龙的舌头完全伸展时，甚至会超过其身体的长度。只要是发现了可口的猎物，它就会迅速地将舌头弹出去，昆虫往往还来不及作任何反应，就已经被它的长舌卷到嘴里去了。

● 生活在非洲的杰克森变色龙是一种胎生的变色龙

变色龙舌尖上有腺体，能分泌大量粘液粘住昆虫

奇特的眼睛

变色龙的舌头可以伸长至体长的两倍

特殊的眼睛

尽管变色龙的双眼都被鳞片覆盖着，只留下一个小孔。但是，它的眼球却可以随意转动，能够一只朝前一只朝后，可谓是眼观六路。这对它的捕猎大有益处，在捕猎的时候，变色龙可以一只眼睛盯着猎物，另一只却在寻找捕捉猎物的捷径。

御敌新"招"

如果当天敌靠近、伪装不再起作用的时候，变色龙还有两"招"应敌方法。当在树上遇到敌害时，它就会折断树枝落地；而如果在陆地上，它就会让身体膨胀变黑，显示出一种咄咄逼人的气势。

细长的尾巴

91

壁 虎

分类：爬行纲—蜥蜴目
栖息地：温暖地区、丛林、沙漠
食物：蚊子、苍蝇、飞蛾
天敌：蝎子、蛇等

壁虎的种类繁多，能适应不同的环境，它们的大小和外形也因为居住环境的不同而有很大的区别。壁虎通常白天潜伏在墙壁缝隙、瓦檐下等处，晚上才出来活动。它们在夏、秋两季最为活跃，经常在夜间捕食昆虫。

▶ 善攀爬的壁虎

高超的攀爬本领

壁虎的身体大多都是扁平的，而且四肢都十分短小。它的足垫和趾的结构也非常特殊，能轻而易举地抓住物体上任何细小的突起而攀爬。这使壁虎具有了高超的攀爬本领，可以伏在墙上、玻璃上等地方。

壁虎的脚底密生着极细的刚毛,这使它极易吸附物体表面

捕虫能手

壁虎是一种体形较小的爬行动物，也是我们最为常见和熟悉的有益动物。它常常静静地伏在墙上，只要有昆虫一落在附近，就迅速地扑过去将其捕获，所以人们通常称它为"捕虫能手"。

大而突出的眼睛

　　壁虎有一对大而突出的眼睛，但一般白天视力较差，怕强光刺激。它的眼部结构比较特殊，上、下眼皮不能张合闭启，所以需要用舌头来舔舐眼球以保持清洁。幸亏它的舌头长得足够长，能够达到眼睛。

壁虎的眼睛和鳄鱼一样，没有眼睑，但有一层透明的保护膜，休息时，保护膜便关闭了

断尾保命

　　壁虎的尾巴很容易断开，在遇到危险时，它会忍痛自断尾巴，以保全性命。因为折断的一段尾巴里有许多神经，它离开身体以后，神经并没有马上失去作用，所以还会摆动，起了恐吓作用。而且，壁虎很快又会长出一条新的尾巴。

◆ 壁虎断尾逃生

眼镜蛇

分类:爬行纲—蛇目
栖息地:树林、草原、沙漠等
食物:鱼、蛙、鼠、鸟及鸟卵
天敌:獴

眼镜蛇是蛇类家族中非常厉害的成员,它那高昂的脑袋、扁平的脖颈和尖利的毒牙,无一不令人畏惧。眼镜蛇最明显的特征就是颈部,该部位的肋骨可以向外膨起用来威吓对手。这种令人望而生畏的毒蛇,还有着致命的毒液。

厉害的毒液

眼镜蛇发起攻击时,尖利的毒牙会刺破猎物的皮肤,把毒液注射进去。它的毒液十分厉害,会攻击猎物的神经系统,导致其麻痹,甚至死亡。还有一些眼镜蛇不直接攻击,只要喷射毒液就可以了。

🔺眼镜蛇喷发毒液瞬间

吓唬敌人

一旦遇到敌人袭击,眼镜蛇就会把身体的前半部分竖立起来,然后将颈部的肋骨和肋骨上的皮肤撑开,把脖子胀得比头还粗大,来吓唬袭击它的敌人。通常,举起身体前半部的眼镜蛇,看上去比实际的体形要大得多。

🔺眼镜蛇直起身体,准备攻击

名字的由来

　　眼镜蛇的颈部扩张时，背部会呈现一对美丽的黑白斑，看起来很像眼镜状的花纹。它的名字应该是眼镜出现后形成的，最后才成为了正式的名称。中国民间对眼镜蛇曾有很多叫法，如山万蛇、膨颈蛇、扁颈蛇、吹风蛇、过山标等。

眼镜蛇背部的眼斑

用计策捕猎

　　眼镜蛇只有在饥饿的时候才会捕猎，它常常会躲在草丛里，只露出尾巴轻轻摇晃，让老鼠或小鸟以为是蚯蚓而靠近过来。这时，眼镜蛇便迅速扑过来吞掉它们。

▲眼镜蛇捕食青蛙

95

蟒 蛇

分类:爬行纲—蛇目
栖息地:热带、亚热带森林
食物:鸟类、鼠类和小型动物
天敌:鹰、獴等

蟒蛇的身体又粗又长,外表多长有复杂图案的斑纹,是一种身形巨大的蛇类。它虽然没有毒性,却能用紧紧缠绕的方式吞食比它大好几倍的猎物,十分厉害。蟒蛇的消化能力很强,但一次吃饱后可以数月不吃东西。

喜欢独居

蟒(mǎng)蛇一般都喜欢独居,只有到了繁殖的季节,才会和其他同伴待在一起。它们喜热怕冷,通常生活在热带雨林和亚热带潮湿的森林中,经常缠绕在树干上或是盘在岩石下面休息,也十分善于游泳。

蟒蛇的舌头

探知猎物

蟒蛇既聋又哑,视力也差,它对热敏感,主要依靠热敏感受器来探知猎物所在的方位。只要有动物在附近活动,蟒蛇就能立即感知。一旦有猎食对象从身边经过,它便会发动突然袭击。

对付猎物的方法

许多有毒的蛇类靠毒液来制服猎物，而一些无毒的大蟒蛇对付猎物的方法则是用身体将它们紧紧缠住，使猎物窒息而死。通常，蟒蛇用身体卷住猎物后，会将猎物缠上两三圈，使得猎物没办法移动。蟒蛇没有多大的力量，所以并不会把猎物的骨头弄碎。

直接吞下去

猎物一旦停止挣扎，蟒蛇便会松开身体，它往往并不咀嚼食物，而是将食物整个吞下。蟒蛇与其他蛇类一样，能吞食比本身还粗的食物。它的嘴巴可以张得很大，所以能够将许多较大的动物顺利吞下去。

🔺 蟒蛇在捕食鼠类

🔻 缠绕在树枝
上的蟒蛇

97

龟

分类：爬行纲—龟鳖目
栖息地：陆地及水中
食物：虾、小鱼、螺类和植物
天敌：老鼠、蛇、某些鸟类

家族庞大，按照生活环境的不同可以把它们分为陆龟和海龟两种。其中，陆龟主要生活在陆地、河流或湖泊里，如乌龟等，而海龟一般则生活在海洋中。大多数龟都是食肉的，它们的重要器官都被很好地保护在坚硬的壳下。

乌龟

乌龟是一种最常见的陆龟，它的身体又圆又扁，背部隆起，长有非常坚固的甲壳。甲壳是乌龟的盾牌，一遇到危险，它就会迅速将头和四肢缩进壳内躲藏起来。乌龟有很强的耐饥饿能力，抗病能力也很强，所以是一种很长寿的动物。

◑ 乌龟

◐ 象龟

象龟

象龟是最大的一种陆龟，因为它的腿非常粗壮，就好像大象的腿一样，所以才被人们称为"象龟"。尽管体形很大，但象龟却以植物为食，如青草、野果和仙人掌等，尤其喜欢吃多汁的绿色仙人掌。

巴西龟

巴西龟又名巴西红耳龟，是一种水栖龟类。它最大的特点就是眼后有一对红色的条纹，看起来非常醒目。现在，有不少人都喜欢把巴西龟当成宠物来养，但它也是危险入侵物种之一，所以不要随便放生野外。

🔺 巴西龟

海龟

海龟是一种古老的海洋爬行动物，它凭着一身独特的铠甲和慢腾腾的生活方式一直生存了下来。海龟长着长长的前肢，特别擅长游泳，除了产卵一般很少上岸。到了产卵季节，海龟便会一批批游上岸来，场面十分壮观。

🔺 海龟在沙滩上产的卵

▶ 海龟

走近两栖动物

两栖动物是最原始的陆生脊椎动物，它们既能适应陆地生活，又能适应水中生活。因为可以在两处生存，所以称为两栖，青蛙、蟾蜍、娃娃鱼等都是常见的两栖动物。由于不能生活在有盐分的水里，因此我们常见的两栖动物通常都生活在淡水中，而很少在海里见到它们。

什么是两栖动物

▶ 牛蛙是一种蛙科动物,也是北美最大的蛙类。

▶ 大鲵又叫"娃娃鱼",因为叫声很像幼儿的哭声。

两栖动物长着潮湿、黏滑的表皮,幼年时生活在水中,长大后往往改变了原来的样子,还能到陆地上生活。两栖动物头上通常鼓着一双大大的眼睛,这是为了看清周围的事物。它们还有着良好的嗅觉,即便在水中也一样灵敏。

长出后腿的蝌蚪

两栖动物的分类

两栖动物的多样性远不如其他的陆生脊椎动物,现在只有无足目、有尾目和无尾目三个目,其中无尾目种类最为繁多,分布广泛。蚓螈是无足目的代表,外形很像蚯蚓;珍稀动物大鲵属于有尾目;我们常见的青蛙、蟾蜍属于无尾目。

长出前腿的蝌蚪

🔺 两栖动物的发育过程

🔺 蚓螈

在水中成长

两栖动物繁殖时需要水,因为它们的卵要生在水里。刚从卵里出生的小生命(如蝌蚪)用鳃呼吸,然后慢慢地长成它们父母的样子。长大后的两栖动物和哺乳动物一样,通常会用肺呼吸。

蝌蚪

卵

成体

湿润的皮肤

两栖动物和爬行动物都属于冷血动物,但不同的是,两栖动物的皮肤裸露,表面没有鳞片、毛发等覆盖。两栖动物通常会分泌黏液来保持身体的湿润,它们湿润的皮肤还有辅助呼吸的作用。

青蛙体表湿漉漉的

冬眠和夏眠

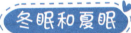

两栖动物无法调节自己的体温,在寒冷和酷热的季节需要冬眠或者夏眠。寒冬来临时,它们会躲到泥塘底部或土洞里进行漫长的冬眠;有些生活在干旱地区的青蛙会进行夏眠,为的是等待湿润的雨季来临。

青 蛙

分类:两栖纲—无尾目
栖息地:世界各地的淡水水域
食物:蚊子等小型昆虫
天敌:蛇

在众多的两栖动物中，青蛙是我们最为熟悉和常见的一种。它的身体短小，虽然没有尾巴，后腿却十分有力，既能够跳跃，又善于游泳。不仅如此，小小的青蛙可是个名副其实的捕虫能手，还有着"庄稼卫士"的光荣称号。

消灭害虫

青蛙最喜欢吃小昆虫，可以消灭田间的害虫。它总是张着嘴巴仰着脸，肚子一鼓一鼓地等待着猎物的出现。只要小飞虫飞过来，青蛙的身子便猛地向上一跃，向外翻出它那长而分叉的舌头，把虫子卷进嘴里。

青蛙的皮肤裸露而湿润

对于静止的东西，青蛙眼睛看不见

奇特的眼睛

青蛙有一对大而凸出的眼睛，它的眼睛很奇特，只能看到活动的东西。科学家们从中得到了启示，发明了一种"电子蛙眼"。这种产品可以像蛙眼一样，准确无误地识别出特定形状的物体。

青蛙趾间有蹼,有利于它们游泳

出色的"运动健将"

青蛙是一位出色的"运动健将",十分擅长跳跃和游泳。它那健壮的双腿只需要轻轻一蹬,就可以跳到相当远的地方。而在水里的时候,它常会以最标准的蛙泳姿势,来展示自己的游泳本领。

○ 青蛙捕食

著名的"歌唱家"

青蛙还是个著名的"歌唱家",它常会发出"呱呱呱"的声音。青蛙的发音器官为声带,有些雄蛙嘴的两边还有能鼓起来振动的外声囊,使叫声更加响亮。每当大雨过后,青蛙叫得最欢,有时还会汇成一片大合唱呢!

▶ 青蛙鸣叫时,鼓起的鸣囊

蟾　蜍

分类:两栖纲—无尾日
栖息地:水塘、泥沼
食物:蜗牛、蚂蚁、蝗虫等
天敌:蛇

蟾蜍和青蛙的外表很相像,但蟾蜍(chánchú)的身体胖而短,四肢很短,主要靠爬行前进,没有青蛙的动作敏捷。不过,它的捕虫本领却一点也不亚于青蛙。蟾蜍的身上还有着许多疙瘩,所以才有了"癞蛤蟆"这个不中听的名字。

用舌头捕食

蟾蜍和青蛙一样,也是用舌头捕食的。一旦发现地面上有昆虫,它便会立即静止不动,两眼专注地盯着猎物,只要猎物一动它便会突然伸出舌头将其卷入口中。蟾蜍在吞咽食物时,会不停地眨眼,因为它要靠挤眼的力量把食物咽下去。

🔺蟾蜍的身体没有青蛙光滑

🔴 蟾蜍

蟾酥

蟾蜍身上的疙瘩是皮脂腺,这些腺体可以分泌一种白色的液体叫"蟾酥",具有很强的毒性。虽然蟾蜍的毒素很厉害,但人们在不断的实践中已掌握科学的使用方法,它现在已是常见药的原材料。

在水草上产卵

蟾蜍妈妈喜欢把卵产在水草上,十几天之后,这些卵就会变成一群小蝌蚪。小蝌蚪在水中游来游去,两个月后就会变成小蟾蜍。蟾蜍的蝌蚪与青蛙不同,它们的颜色一般较深,尾巴也稍微短一些。

🔴 蟾蜍卵

▶ 蟾蜍蝌蚪

🔴 冬眠的蟾蜍

开始冬眠

当寒冷的冬天到来时,蟾蜍就需要冬眠了,它冬眠时间的长短是根据地面的温度来决定的。在冬眠期间,蟾蜍就会停止进食,靠消耗体内贮存的营养物质维持生命。冬眠结束后,蟾蜍就会开始蜕皮。

树 蛙

分类:两栖纲—无尾目	
栖息地:树林	
食物:昆虫等小型动物	
天敌:蛇	

树蛙大多体形娇小,颜色鲜艳,看上去十分可爱。不过奇怪的是,和青蛙等许多蛙类不一样,它们并不生活在水边,擅长爬树的树蛙一生的大部分时间都是在树上度过的。由于还会变色,树蛙也因此被称为"变色树蛙"。

植物积聚起的雨水常会引来树蛙的逗留

趾上大大的吸盘便于它们攀爬树木

在树上生活

树蛙一生基本上都在树上度过,大树上的小水洼是它们嬉戏和生活的地方。树蛙的脚趾长着厚厚的吸盘,所以能牢牢地站立在树的任何地方。它们白天通常都躲在叶子背后等比较隐蔽的地方,晚上才会开始四处活动。

变色的本领

　　树蛙身体的颜色会随环境的变化而改变。春夏季节，树蛙是鲜嫩的翠绿色，与周围的树木很相像；当秋季来临时，它们会逐渐变成与树干、枯枝、落叶一样的颜色。变色可以使树蛙同周围的环境融为一体，敌人也就很难发现它。

⬥ 翠绿可爱的树蛙

家族中的大个子

　　红眼树蛙是树蛙家族中的大个子，它常常把卵产在水塘上面的树叶上，这样小蝌蚪孵出后自然就掉进叶子下的水中了。红眼树蛙的眼睛只看得见会动的东西，任何能够塞进嘴里的动物它都会吃。

▶ 红眼树蛙

奇特的飞蛙

　　树蛙中有一种飞蛙，它的脚趾比其他的蛙长，前脚有发达的蹼膜，很像蝙蝠的翅膀，能轻易地展开滑翔。飞蛙跳跃时就像"伞兵"从空中落下一样，最为著名的有黑掌树蛙、黑蹼树蛙等。

⬥ 黑蹼树蛙

箭毒蛙

分类：两栖纲—尤尾目
栖息地：热带雨林
食物：昆虫、蜘蛛
天敌：蛇

箭毒蛙是蛙类中比较小的成员，也是最美丽的蛙类，同时它还是一种非常危险的动物。箭毒蛙能从皮肤腺里分泌出剧毒，靠着自己的毒性，它白天也敢出来活动，许多捕食者都不敢对这个色彩鲜明的小家伙轻举妄动。

致命的毒液

箭毒蛙分泌出的毒液，对食肉动物来说可能是致命的，鲜艳的颜色和花纹是它恐吓天敌的重要信号。不过，箭毒蛙的种类很多，并不是所有的箭毒蛙都有毒，而且有毒的成员彼此之间的毒性也有很大的差异。

箭毒蛙艳丽的体色是一种警告色，可以吓退敌人

110

趾端有吸盘

❶ 箭毒蛙是世界上毒性最强的物种之一

名字的由来

　　由于箭毒蛙的毒性极强，聪明的印第安人在捕捉它时，总是用树叶把手包起来以避免中毒。他们通常会将采到的毒液抹在箭头上做成毒箭，用于打猎，箭毒蛙的名字也是由此而来的。

猎食习惯

　　和许多其他的蛙不同，箭毒蛙不爱捕捉在空中飞来飞去的昆虫，却专门猎食地面上体型很小的蚂蚁和螨。这些小动物常生活在倒塌的大树下，所以在那里最容易发现箭毒蛙。箭毒蛙有时也会捕食蜘蛛，蜘蛛的毒性还会被它吸收转化为自身的毒液。

❤ 箭毒蛙妈妈背着小蝌蚪

辛苦的蛙妈妈

　　箭毒蛙妈妈通常会把卵产在雨林地面的落叶下，等到小蝌蚪孵化出来后，它便把小蝌蚪一只一只地背到不同的植物叶片间或是树洞中的小水洼中。小蝌蚪在那里可以避免天敌的威胁，从而安全的成长。

蝾螈

分类：两栖纲—有尾目
栖息地：淡水或沼泽地区
食物：昆虫、蚯蚓、蜗牛等
天敌：蛇、水鸟

蝾螈是一种既有腿又有尾巴的两栖动物，它有一个圆筒形的身体，颈部不明显，四肢较短，外表长得很像蜥蜴，但身体表面并没有鳞。与蛙类家族的成员不同，蝾螈长大后尾巴不会消失，一生都会带着一条长长的尾巴。

▲ 蝾螈

居住环境

蝾螈(róngyuán)靠皮肤来吸收水分，在天气炎热、气候干燥的条件下，它的皮肤必须保持湿润，因此大多数的蝾螈都栖息在有水的环境中。尽管有一些陆栖能力好一点的蝾螈可以离水较远，但仍以潮湿的环境为主。

呼吸方式

蝾螈小时候通常会利用腮呼吸，它们长大后腮就会脱落，于是便改用肺和皮肤呼吸。大约有270个种类的蝾螈完全没有肺，比如红蝾螈，它们只能通过皮肤和口腔黏膜进行呼吸。

▲ 红蝾螈

不同的本领

　　许多蝾螈身上的花纹色彩非常鲜艳,这是它的保护色,可以以此来警示敌人;有些蝾螈在遇到危险时,会像壁虎一样断掉尾巴,然后趁机逃命;还有一些蝾螈还会分泌毒液,可以麻醉或杀死敌人。

蝾螈大多体色鲜明美丽,但它们是有毒的

⬥墨西哥蝾螈常被作为宠物饲养

⬥红背无肺螈

⬥火蝾螈有极强的再生能力

捕捉猎物

⬥虎皮蝾螈

　　大多数蝾螈白天都会躲藏起来,晚上才出来寻找食物。它们的视觉比较差,主要依靠嗅觉来捕食。蝾螈常常慢慢移向猎物,然后快速用尖利的牙和颚捕捉住猎物。在蝾螈嘴巴的两边,还长有像锯齿形状的突起,可以有效地防止猎物逃跑。